SUKEN NOTEBOOK

JN132673

チャート式
基礎からの　数学 B

完 成 ノ ー ト

【数　　列】

　　本書は，数研出版発行の参考書「チャート式 基礎からの　数学 B」の
第 1 章「数列」
の例題と練習の全問を掲載した，書き込み式ノートです。
　　本書を仕上げていくことで，自然に実力を身につけることができます。

目　次

221001

2

1. 等差数列

基本 例題 1

次の数列はどのような規則によって作られているかを考え，一般項を推測せよ。また，一般項が推測した式で表されるとき，(1) の数列の第 6 項を求めよ。

(1) $\dfrac{2}{3},\ \dfrac{3}{9},\ \dfrac{4}{27},\ \dfrac{5}{81},\ \cdots\cdots$

(2) $1\cdot1,\ -3\cdot4,\ 5\cdot9,\ -7\cdot16,\ \cdots\cdots$

練習 (基本) **1** 　次の数列はどのような規則によって作られているかを考え，一般項を推測せよ。また，一般項が推測した式で表されるとき，(1) の数列の第 6 項，(2) の数列の第 7 項を求めよ。

(1) $1,\ 9,\ 25,\ 49,\ \cdots\cdots$

(2) $-3,\ \dfrac{4}{8},\ -\dfrac{5}{27},\ \dfrac{6}{64},\ \cdots\cdots$

(3) $2\cdot2,\ 4\cdot5,\ 6\cdot10,\ 8\cdot17,\ \cdots\cdots$

基本 例題 2

(1) 等差数列 100, 97, 94, …… の一般項 a_n を求めよ。また，第 35 項を求めよ。

(2) 第 59 項が 70，第 66 項が 84 の等差数列 $\{a_n\}$ において

  (ア) 一般項を求めよ。

  (イ) 118 は第何項か。

  (ウ) 初めて正になるのは第何項か。

練習 (基本) **2** (1) 等差数列 13, 8, 3, …… の一般項 a_n を求めよ。また，第 15 項を求めよ。

(2) 第 53 項が -47，第 77 項が -95 である等差数列 $\{a_n\}$ において

(ア) 一般項を求めよ。

(イ) -111 は第何項か。

(ウ) 初めて負になるのは第何項か。

基本 例題 3

一般項が $a_n = -3n + 7$ である数列 $\{a_n\}$ について

(1) 数列 $\{a_n\}$ は等差数列であることを証明し，その初項と公差を求めよ。

(2) 一般項が $c_n = a_{3n}$ である数列 $\{c_n\}$ は等差数列であることを証明し，その初項と公差を求めよ。

練習 (基本) **3** 一般項が $a_n = p(n+2)$ (p は定数，$p \neq 0$) である数列 $\{a_n\}$ について

(1) 数列 $\{a_n\}$ が等差数列であることを証明し，その初項と公差を求めよ。

(2) 一般項が $c_n = a_{5n}$ である数列 $\{c_n\}$ が等差数列であることを証明し，その初項と公差を求めよ。

6

基本 例題 4

等差数列をなす 3 数があって，その和は 27，積は 693 である。この 3 数を求めよ。

練習 (基本) **4**　等差数列をなす 3 数があって，その和は −15，積は 120 である。この 3 数を求めよ。

基 本 例題 5

(1) 調和数列 20, 15, 12, 10, …… の一般項 a_n を求めよ。

(2) 初項が a, 第 2 項が b である調和数列がある。この数列の第 n 項 a_n を a, b で表せ。

練習 (基本) **5** (1) 調和数列 2, 6, −6, −2, …… の一般項 a_n を求めよ。

(2) 初項が a, 第 5 項が $9a$ である調和数列がある。この数列の第 n 項 a_n を a で表せ。

基本 例題 6

次のような和 S を求めよ。

(1) 等差数列 $1, 4, 7, \cdots\cdots, 97$ の和

(2) 初項 200, 公差 -5 の等差数列の初項から第 100 項までの和

(3) 第 8 項が 37, 第 24 項が 117 の等差数列の第 20 項から第 50 項までの和

練習 (基本) **6**　次のような和 S を求めよ。

(1)　等差数列 1, 3, 5, 7, ……, 99 の和

(2)　初項 5, 公差 $-\dfrac{1}{2}$ の等差数列の初項から第 101 項までの和

(3)　第 10 項が 1, 第 16 項が 5 である等差数列の第 15 項から第 30 項までの和

基本 例題 7

100 から 200 までの整数のうち，次の数の和を求めよ。

(1) 3 で割って 1 余る数

(2) 2 または 3 の倍数

練習 (基本) **7**　2桁の自然数のうち，次の数の和を求めよ。

(1)　5 で割って 3 余る数

(2)　奇数または 3 の倍数

基本 例題 8

解説動画

初項が 55，公差が -6 の等差数列の初項から第 n 項までの和を S_n とするとき，S_n の最大値は

である。

練習 (基本) **8**　初項 -200，公差 3 の等差数列 $\{a_n\}$ において，初項から第何項までの和が最小となるか。また，そのときの和を求めよ。

重要 例題 9

p は素数，m，n は正の整数で $m < n$ とする．m と n の間にあって，p を分母とする既約分数の総和を求めよ。

練習 (重要) **9** p を素数とするとき，0 と p の間にあって，p^2 を分母とする既約分数の総和を求めよ。

重要 例題 10

等差数列 $\{a_n\}$, $\{b_n\}$ の一般項がそれぞれ $a_n = 3n+1$, $b_n = 5n+3$ であるとき,この 2 つの数列に共通に含まれる数を,小さい方から順に並べてできる数列 $\{c_n\}$ の一般項を求めよ。

練習 (重要) **10**　等差数列 $\{a_n\}$, $\{b_n\}$ の一般項がそれぞれ $a_n = 3n-1$, $b_n = 4n+1$ であるとき，この 2 つの数列に共通に含まれる数を，小さい方から順に並べてできる数列 $\{c_n\}$ の一般項を求めよ。

2．等比数列

基本 例題 11　□　▶解説動画

(1)　等比数列 $2,\ -6,\ 18,\ \cdots\cdots$ の一般項 a_n を求めよ。また，第 8 項を求めよ。

(2)　第 10 項が 32，第 15 項が 1024 である等比数列の一般項を求めよ。ただし，公比は実数とする。

練習 (基本) 11　(1)　等比数列 $2,\ -\sqrt{2},\ 1,\ \cdots\cdots$ の一般項 a_n を求めよ。また，第 10 項を求めよ。

(2)　第 5 項が -48，第 8 項が 384 である等比数列の一般項を求めよ。ただし，公比は実数とする。

基本 例題 12

3 つの実数 a, b, c はこの順で等比数列になり，c, a, b の順で等差数列になる。a, b, c の積が -27 であるとき，a, b, c の値を求めよ。

練習 (基本) 12 異なる 3 つの実数 a, b, ab はこの順で等比数列になり，ab, a, b の順で等差数列になるとき，a, b の値を求めよ。

基本 例題 13

(1) 等比数列 a, $3a^2$, $9a^3$, …… の初項から第 n 項までの和 S_n を求めよ。ただし，$a \neq 0$ とする。

(2) 初項 5，公比 r の等比数列の第 2 項から第 4 項までの和が -30 であるとき，実数 r の値を求めよ。

練習 (基本) **13**　(1)　等比数列 $2,\ -4a,\ 8a^2,\ \cdots\cdots$ の初項から第 n 項までの和 S_n を求めよ。

(2)　初項 2，公比 r の等比数列の初項から第 3 項までの和が 14 であるとき，実数 r の値を求めよ。

22

基本 例題 14

初項から第 5 項までの和が 3,初項から第 10 項までの和が 9 である等比数列について,次のものを求めよ。ただし,公比は実数とする。

(1) 初項から第 15 項までの和

(2) 第 16 項から第 20 項までの和

練習 (基本) **14** 初項から第 10 項までの和が 6,初項から第 20 項までの和が 24 である等比数列について,次のものを求めよ。ただし,公比は実数とする。

(1) 初項から第 30 項までの和

(2) 第31項から第40項までの和

基本 例題 15

解説動画

年利率 r, 1年ごとの複利での計算とするとき,次のものを求めよ。

(1) n 年後の元利合計を S 円にするときの元金 T 円

(2) 毎年度初めに P 円ずつ積立貯金するときの, n 年度末の元利合計 S_n 円

練習 (基本) **15**　年利 5 ％，1 年ごとの複利で，毎年度初めに 20 万円ずつ積み立てると，7 年度末には元利合計はいくらになるか。ただし，$(1.05)^7=1.4071$ とする。

基本 例題 16　

等差数列 $\{a_n\}$ と等比数列 $\{b_n\}$ において，公差と公比が同じ値 $d\ (\neq 0)$ をとる。初項に関しても同じ値 $a_1=b_1=a\ (>0)$ をとる。$a_3=b_3$，$a_9=b_5$ が成り立つとき，a，d の値を求めよ。

練習 (基本) **16** 初項 1 の等差数列 $\{a_n\}$ と初項 1 の等比数列 $\{b_n\}$ が $a_3 = b_3$, $a_4 = b_4$, $a_5 \neq b_5$ を満たすとき, 一般項 a_n, b_n を求めよ。

重要 例題 17

数列 $\{a_n\}$, $\{b_n\}$ の一般項を $a_n = 3n - 1$, $b_n = 2^n$ とする。数列 $\{b_n\}$ の項のうち，数列 $\{a_n\}$ の項でもあるものを小さい方から並べて数列 $\{c_n\}$ を作るとき，数列 $\{c_n\}$ の一般項を求めよ。

練習 (重要) **17**　数列 $\{a_n\}$, $\{b_n\}$ の一般項を $a_n = 15n - 2$, $b_n = 7 \cdot 2^{n-1}$ とする。数列 $\{b_n\}$ の項のうち，数列 $\{a_n\}$ の項でもあるものを小さい方から並べて数列 $\{c_n\}$ を作るとき，数列 $\{c_n\}$ の一般項を求めよ。

重要 **例題 18**

初項が 3，公比が 2 の等比数列を $\{a_n\}$ とする。ただし，$\log_{10} 2 = 0.3010$，$\log_{10} 3 = 0.4771$ とする。

(1) $10^3 < a_n < 10^5$ を満たす n の値の範囲を求めよ。

(2) 初項から第 n 項までの和が 30000 を超える最小の n の値を求めよ。

28

練習 (重要) **18** 初項が 2, 公比が 4 の等比数列を $\{a_n\}$ とする。ただし, $\log_{10} 2 = 0.3010$, $\log_{10} 3 = 0.4771$ とする。

(1) a_n が 10000 を超える最小の n の値を求めよ。

(2) 初項から第 n 項までの和が 100000 を超える最小の n の値を求めよ。

3．種々の数列

基本 例題 19

次の和を求めよ。

(1) $\displaystyle\sum_{k=1}^{n}(3k^2-k)$

(2) $\displaystyle\sum_{k=1}^{n}(2k+1)(4k^2-2k+1)$

(3) $\displaystyle\sum_{k=11}^{20}(6k-1)$

(4) $\displaystyle\sum_{k=1}^{n+1}5^k$

練習 (基本) **19**　次の和を求めよ。

(1) $\displaystyle\sum_{k=1}^{n} (2k^2 - k + 7)$

(2) $\displaystyle\sum_{k=1}^{n} (k-1)(k^2 + k + 4)$

(3) $\displaystyle\sum_{k=7}^{24} (2k^2 - 5)$

(4) $\displaystyle\sum_{k=0}^{n} \left(\frac{1}{3}\right)^k$

基本 例題 20

次の数列の初項から第 n 項までの和を求めよ。

(1) 1^2, 3^2, 5^2, ……

(2) 1, $1+2$, $1+2+2^2$, ……

練習 (基本) **20** 次の数列の初項から第 n 項までの和を求めよ。

(1) 1^2, 4^2, 7^2, 10^2, ……

(2) 1, 1+4, 1+4+7, ……

(3) $\dfrac{1}{2}$, $\dfrac{1}{2}-\dfrac{1}{4}$, $\dfrac{1}{2}-\dfrac{1}{4}+\dfrac{1}{8}$, $\dfrac{1}{2}-\dfrac{1}{4}+\dfrac{1}{8}-\dfrac{1}{16}$, ……

基本 例題 21

次の数列の和を求めよ。

$$1 \cdot (n+1), \quad 2 \cdot n, \quad 3 \cdot (n-1), \quad \cdots\cdots, \quad (n-1) \cdot 3, \quad n \cdot 2$$

練習 (基本) **21**　次の数列の和を求めよ。

$$1^2 \cdot n, \quad 2^2(n-1), \quad 3^2(n-2), \quad \cdots\cdots, \quad (n-1)^2 \cdot 2, \quad n^2 \cdot 1$$

基本 例題 22

次の数列 $\{a_n\}$ の一般項を求めよ。

$$2,\ 7,\ 18,\ 35,\ 58,\ \cdots\cdots$$

練習 (基本) **22** 次の数列の一般項を求めよ。

(1)　2, 10, 24, 44, 70, 102, 140, ……

(2)　3, 4, 7, 16, 43, 124, ……

基本 例題 23

次の数列の一般項を求めよ。

$$6, \ 24, \ 60, \ 120, \ 210, \ 336, \ 504, \ \cdots\cdots$$

練習 (基本) **23**　次の数列の一般項を求めよ。

　　　2, 10, 38, 80, 130, 182, 230, ……

基本 例題 24

初項から第 n 項までの和 S_n が $S_n = 2n^2 - n$ となる数列 $\{a_n\}$ について

(1) 一般項 a_n を求めよ。

(2) 和 $a_1 + a_3 + a_5 + \cdots\cdots + a_{2n-1}$ を求めよ。

練習 (基本) 24 初項から第 n 項までの和 S_n が次のように表される数列 $\{a_n\}$ について，一般項 a_n と和 $a_1 + a_4 + a_7 + \cdots\cdots + a_{3n-2}$ をそれぞれ求めよ。

(1) $S_n = 3n^2 + 5n$

(2) $S_n = 3n^2 + 4n + 2$

基本 例題 25

数列 $\dfrac{1}{1\cdot 3},\ \dfrac{1}{3\cdot 5},\ \dfrac{1}{5\cdot 7},\ \cdots\cdots,\ \dfrac{1}{(2n-1)(2n+1)}$ の和を求めよ。

練習 (基本) **25**　次の数列の和を求めよ。

(1)　$\dfrac{1}{1\cdot3},\ \dfrac{1}{2\cdot4},\ \dfrac{1}{3\cdot5},\ \cdots\cdots,\ \dfrac{1}{9\cdot11}$

(2)　$\dfrac{1}{2\cdot5},\ \dfrac{1}{5\cdot8},\ \dfrac{1}{8\cdot11},\ \cdots\cdots,\ \dfrac{1}{(3n-1)(3n+2)}$

41

基 本 例題 26

次の数列の和 S を求めよ。

(1) $\dfrac{1}{1\cdot2\cdot3},\ \dfrac{1}{2\cdot3\cdot4},\ \dfrac{1}{3\cdot4\cdot5},\ \cdots\cdots,\ \dfrac{1}{n(n+1)(n+2)}$

(2) $\dfrac{1}{1+\sqrt{3}},\ \dfrac{1}{\sqrt{2}+\sqrt{4}},\ \dfrac{1}{\sqrt{3}+\sqrt{5}},\ \cdots\cdots,\ \dfrac{1}{\sqrt{n}+\sqrt{n+2}}\quad(n\geqq2)$

42

練習 (基本) **26**　次の数列の和 S を求めよ。

(1)　$\dfrac{1}{1\cdot3\cdot5}$, $\dfrac{1}{3\cdot5\cdot7}$, $\dfrac{1}{5\cdot7\cdot9}$, ……, $\dfrac{1}{(2n-1)(2n+1)(2n+3)}$

(2)　$\dfrac{1}{1+\sqrt{3}}$, $\dfrac{1}{\sqrt{3}+\sqrt{5}}$, $\dfrac{1}{\sqrt{5}+\sqrt{7}}$, ……, $\dfrac{1}{\sqrt{2n-1}+\sqrt{2n+1}}$

基本 例題 27

次の数列の和を求めよ。

$$1 \cdot 1, \ 3 \cdot 3, \ 5 \cdot 3^2, \ \cdots\cdots, \ (2n-1) \cdot 3^{n-1}$$

練習 (基本) **27** 次の数列の和を求めよ。

(1) $1 \cdot 1, \ 2 \cdot 5, \ 3 \cdot 5^2, \ \cdots\cdots, \ n \cdot 5^{n-1}$

(2) $n, \ (n-1) \cdot 3, \ (n-2) \cdot 3^2, \ \cdots\cdots, \ 2 \cdot 3^{n-2}, \ 3^{n-1}$

(3) $1,\ 4x,\ 7x^2,\ \cdots\cdots,\ (3n-2)x^{n-1}$

重要 例題 28

一般項が $a_n=(-1)^{n+1}n^2$ で与えられる数列 $\{a_n\}$ に対して，$S_n=\sum\limits_{k=1}^{n} a_k$ とする。

(1) $a_{2k-1}+a_{2k}$ $(k=1,\ 2,\ 3,\ \cdots\cdots)$ を k を用いて表せ。

(2) $S_n=\boxed{}$ $(n=1,\ 2,\ 3,\ \cdots\cdots)$ と表される。

練習 (重要) **28** 　一般項が $a_n = (-1)^n n(n+2)$ で与えられる数列 $\{a_n\}$ に対して，初項から第 n 項までの和 S_n を求めよ。

基本 例題 29

奇数の数列を 1 | 3, 5 | 7, 9, 11 | 13, 15, 17, 19 | 21, …… のように，第 n 群が n 個の数を含むように分けるとき

(1) 第 n 群の最初の奇数を求めよ。

(2) 第 n 群の総和を求めよ。

(3) 301 は第何群の何番目に並ぶ数か。

練習 (基本) **29**　第 n 群が n 個の数を含む群数列

$$1 \mid 2,\ 3 \mid 3,\ 4,\ 5 \mid 4,\ 5,\ 6,\ 7 \mid 5,\ 6,\ 7,\ 8,\ 9 \mid 6,\ \cdots\cdots \text{ について}$$

(1)　第 n 群の総和を求めよ。

(2)　初めて 99 が現れるのは，第何群の何番目か。

(3)　最初の項から 1999 番目の項は，第何群の何番目か。また，その数を求めよ。

基 本 例題 30

$\dfrac{1}{1},\ \dfrac{2}{2},\ \dfrac{3}{2},\ \dfrac{4}{3},\ \dfrac{5}{3},\ \dfrac{6}{3},\ \dfrac{7}{4},\ \dfrac{8}{4},\ \dfrac{9}{4},\ \dfrac{10}{4},\ \dfrac{11}{5},$ …… の分数の数列について，初項から第 210 項までの和を求めよ。

50

練習 (基本) **30**　2 の累乗を分母とする既約分数を，次のように並べた数列

$$\frac{1}{2},\ \frac{1}{4},\ \frac{3}{4},\ \frac{1}{8},\ \frac{3}{8},\ \frac{5}{8},\ \frac{7}{8},\ \frac{1}{16},\ \frac{3}{16},\ \frac{5}{16},\ \cdots\cdots,\ \frac{15}{16},\ \frac{1}{32},\ \cdots\cdots$$

について，第 1 項から第 100 項までの和を求めよ。

重要 例題 31

自然数 1, 2, 3, …… を, 右の図のように並べる。

(1) 左から m 番目, 上から m 番目の位置にある自然数を m を用いて表せ。

1	2	5	10	17	…
4	3	6	11	18	…
9	8	7	12	…	…
16	15	14	13	…	…
…	…	…	…	…	…

(2) 150 は左から何番目, 上から何番目の位置にあるか。

練習 (重要) **31**　自然数 1, 2, 3, …… を，右の図のように並べる。

(1)　左から m 番目，上から 1 番目の位置にある自然数を m を用いて表せ。

1	2	4	7	…
3	5	8	…	…
6	9	…	…	…
10	…	…	…	…
…	…	…	…	…

(2)　150 は左から何番目，上から何番目の位置にあるか。

重|要 例題 32　　　　　　　　　　　　　　　　　　　　□　

xy 平面において，次の連立不等式の表す領域に含まれる格子点 (x 座標，y 座標がともに整数である点) の個数を求めよ。ただし，n は自然数とする。

(1)　$x \geqq 0,\ y \geqq 0,\ x + 2y \leqq 2n$

(2)　$x \geqq 0,\ y \leqq n^2,\ y \geqq x^2$

練習 (重要) **32** xy 平面において，次の連立不等式の表す領域に含まれる格子点の個数を求めよ。ただし，n は自然数とする。

(1) $x \geqq 0$, $y \geqq 0$, $x + 3y \leqq 3n$

(2) $0 \leqq x \leqq n$, $y \geqq x^2$, $y \leqq 2x^2$

4．漸化式と数列

基 本 例題 33

□ ▷解説動画

次の条件によって定められる数列 $\{a_n\}$ の一般項を求めよ。

(1) $a_1 = -3,\ a_{n+1} = a_n + 4$

(2) $a_1 = 4,\ 2a_{n+1} + 3a_n = 0$

(3) $a_1 = 1,\ a_{n+1} = a_n + 2^n - 3n + 1$

練習 (基本) **33** 次の条件によって定められる数列 $\{a_n\}$ の一般項を求めよ。

(1) $a_1 = 2,\ a_{n+1} - a_n + \dfrac{1}{2} = 0$

(2) $a_1 = -1,\ a_{n+1} + a_n = 0$

(3)　$a_1 = 3$,　$2a_{n+1} - 2a_n = 4n^2 + 2n - 1$

基本 例題 34

次の条件によって定められる数列 $\{a_n\}$ の一般項を求めよ。

$$a_1 = 6,\quad a_{n+1} = 4a_n - 3$$

練習 (基本) **34** 次の条件によって定められる数列 $\{a_n\}$ の一般項を求めよ。

(1) $a_1 = 2$, $a_{n+1} = 3a_n - 2$

(2) $a_1 = 3$, $2a_{n+1} - a_n + 2 = 0$

基本 例題 35

$a_1 = 1$, $a_{n+1} = 3a_n + 4n$ によって定められる数列 $\{a_n\}$ の一般項を求めよ。

練習 (基本) **35**　$a_1 = -2$, $a_{n+1} = -3a_n - 4n + 3$ によって定められる数列 $\{a_n\}$ の一般項を求めよ。

基本 例題 36

$a_1 = 3$, $a_{n+1} = 2a_n + 3^{n+1}$ によって定められる数列 $\{a_n\}$ の一般項を求めよ。

練習 (基本) **36** $a_1 = 4$, $a_{n+1} = 4a_n - 2^{n+1}$ によって定められる数列 $\{a_n\}$ の一般項を求めよ。

基 本 例題 37

$a_1 = \dfrac{1}{5}$, $a_{n+1} = \dfrac{a_n}{4a_n - 1}$ によって定められる数列 $\{a_n\}$ の一般項を求めよ。

練習 (基本) **37**　$a_1 = 1$, $a_{n+1} = \dfrac{3a_n}{6a_n + 1}$ によって定められる数列 $\{a_n\}$ の一般項を求めよ。

重要 例題 38

解説動画

$a_1 = 1$, $a_{n+1} = 2\sqrt{a_n}$ で定められる数列 $\{a_n\}$ の一般項を求めよ。

練習 (重要) 38 $a_1 = 1$, $a_{n+1} = 2a_n{}^2$ で定められる数列 $\{a_n\}$ の一般項を求めよ。

基本 例題 39

$a_1=2$, $a_{n+1}=\dfrac{n+2}{n}a_n+1$ によって定められる数列 $\{a_n\}$ がある。

(1) $\dfrac{a_n}{n(n+1)}=b_n$ とおくとき，b_{n+1} を b_n と n の式で表せ。

(2) a_n を n の式で表せ。

63

練習 (基本) 39　$a_1 = \dfrac{1}{2}$，$na_{n+1} = (n+2)a_n + 1$ によって定められる数列 $\{a_n\}$ がある。

(1)　$a_n = n(n+1)b_n$ とおくとき，b_{n+1} を b_n と n の式で表せ。

(2)　a_n を n の式で表せ。

重 要 **例題 40** □ 解説動画

$a_1 = \dfrac{1}{2}$, $(n+1)a_n = (n-1)a_{n-1}$ $(n \geqq 2)$ によって定められる数列 $\{a_n\}$ の一般項を求めよ。

練習 (重要) **40** $a_1 = \dfrac{2}{3}$, $(n+2)a_n = (n-1)a_{n-1}$ $(n \geqq 2)$ によって定められる数列 $\{a_n\}$ の一般項を求めよ。

5. 種々の漸化式

基本 例題 41

□ 解説動画

次の条件によって定められる数列 $\{a_n\}$ の一般項を求めよ。

(1) $a_1 = 0$, $a_2 = 1$, $a_{n+2} = a_{n+1} + 6a_n$

(2) $a_1 = 1$, $a_2 = 2$, $a_{n+2} + 4a_{n+1} - 5a_n = 0$

練習 (基本) **41**　次の条件によって定められる数列 $\{a_n\}$ の一般項を求めよ。

(1)　$a_1 = 1$,　$a_2 = 2$,　$a_{n+2} - 2a_{n+1} - 3a_n = 0$

(2)　$a_1 = 0$,　$a_2 = 1$,　$5a_{n+2} = 3a_{n+1} + 2a_n$

基本 例題 42

次の条件によって定められる数列 $\{a_n\}$ の一般項を求めよ。

$$a_1=0, \quad a_2=2, \quad a_{n+2}-4a_{n+1}+4a_n=0$$

練習 (基本) **42** 次の条件によって定められる数列 $\{a_n\}$ の一般項を求めよ。

$$a_1=0, \quad a_2=3, \quad a_{n+2}-6a_{n+1}+9a_n=0$$

重要 例題 43

n 段 (n は自然数) ある階段を 1 歩で 1 段または 2 段上がるとき，この階段の上がり方の総数を a_n とする。このとき，数列 $\{a_n\}$ の一般項を求めよ。

練習 (重要) **43** 次の条件によって定められる数列 $\{a_n\}$ の一般項を求めよ。

$$a_1 = a_2 = 1, \quad a_{n+2} = a_{n+1} + 3a_n$$

基本 例題 44

数列 $\{a_n\}$, $\{b_n\}$ を $a_1=b_1=1$, $a_{n+1}=a_n+4b_n$, $b_{n+1}=a_n+b_n$ で定めるとき，数列 $\{a_n\}$, $\{b_n\}$ の一般項を次の (1), (2) の方法でそれぞれ求めよ。

(1) $a_{n+1}+\alpha b_{n+1}=\beta(a_n+\alpha b_n)$ を満たす α, β の組を求め，それを利用する。

(2) b_{n+2}, b_{n+1}, b_n の関係式を作り，それを利用する。

練習 (基本) **44**　数列 $\{a_n\}$, $\{b_n\}$ を $a_1=1$, $b_1=1$, $a_{n+1}=2a_n-6b_n$, $b_{n+1}=a_n+7b_n$ で定めるとき，数列 $\{a_n\}$, $\{b_n\}$ の一般項を求めよ。

基本 例題 45

数列 $\{a_n\}$, $\{b_n\}$ を $a_1=1$, $b_1=-1$, $a_{n+1}=5a_n-4b_n$, $b_{n+1}=a_n+b_n$ で定めるとき, 数列 $\{a_n\}$, $\{b_n\}$ の一般項を求めよ。

練習 (基本) **45**　数列 $\{a_n\}$, $\{b_n\}$ を $a_1=-1$, $b_1=1$, $a_{n+1}=-2a_n-9b_n$, $b_{n+1}=a_n+4b_n$ で定める とき，数列 $\{a_n\}$, $\{b_n\}$ の一般項を求めよ。

重要 例題 46

$a_1=4$, $a_{n+1}=\dfrac{4a_n-9}{a_n-2}$ …… ① によって定められる数列 $\{a_n\}$ について

(1) $b_n=a_n-\alpha$ とおく。① は $\alpha=\boxed{}^{\text{ア}}$ のとき $b_{n+1}=\dfrac{\boxed{}^{\text{イ}}b_n}{b_n+\boxed{}^{\text{ウ}}}$ と変形できる。

(2) 数列 $\{a_n\}$ の一般項を求めよ。

練習 (重要) **46** $a_1=1$, $a_{n+1}=\dfrac{a_n-4}{a_n-3}$ で定められる数列 $\{a_n\}$ の一般項 a_n を，重要例題 46 と同様の方法で求めよ。

重要 例題 47

数列 $\{a_n\}$ が $a_1 = 4$, $a_{n+1} = \dfrac{4a_n + 8}{a_n + 6}$ で定められている。

(1) $b_n = \dfrac{a_n - \beta}{a_n - \alpha}$ とおく。このとき, 数列 $\{b_n\}$ が等比数列となるような α, β $(\alpha > \beta)$ の値を求めよ。

(2) 数列 $\{a_n\}$ の一般項を求めよ。

練習 (重要) **47** 数列 $\{a_n\}$ が $a_1=4$, $a_{n+1}=\dfrac{4a_n+3}{a_n+2}$ で定められている。このとき，数列 $\{a_n\}$ の一般項を重要例題 47 と同様の方法で求めよ。

78

基 本 例題 48

数列 $\{a_n\}$ の初項から第 n 項までの和 S_n が，一般項 a_n を用いて $S_n = -2a_n - 2n + 5$ と表されるとき，一般項 a_n を n で表せ。

練習 (基本) **48** 数列 $\{a_n\}$ の初項から第 n 項までの和 S_n が, 一般項 a_n を用いて $S_n = 2a_n + n$ と表されるとき, 一般項 a_n を n で表せ。

基本 例題 49

平面上に，どの 3 本の直線も 1 点を共有しない，n 本の直線がある。次の場合，平面が直線によって分けられる領域の個数を n で表せ。

(1) どの 2 本の直線も平行でないとき。

(2) $n\,(n \geqq 2)$ 本の直線の中に，2 本だけ平行なものがあるとき。

練習 (基本) **49**　平面上に，どの 2 つの円をとっても互いに交わり，また，3 つ以上の円は同一の点では交わらない n 個の円がある。これらの円によって，平面は何個の部分に分けられるか。

基 本 例題 50

∠XPY（＝60°）の 2 辺 PX，PY に接する半径 1 の円を O_1 とする。次に，2 辺 PX，PY および
円 O_1 に接する円のうち半径の小さい方の円を O_2 とする。以下，同様にして順に円 O_3，O_4，……
を作る。

(1) 円 O_n の半径 r_n を n で表せ。

(2) 円 O_n の面積を S_n とするとき，$S_1+S_2+ \cdots\cdots +S_n$ を n で表せ。

練習 (基本) **50**　直線 $y=ax$ $(a>0)$ を ℓ とする。ℓ 上の点 $A_1(1,\ a)$ から x 軸に垂線 A_1B_1 を下ろし，点 B_1 から ℓ に垂線 B_1A_2 を下ろす。更に，点 A_2 から x 軸に垂線 A_2B_2 を下ろす。以下これを続けて，線分 A_3B_3，A_4B_4，…… を引き，線分 A_nB_n の長さを l_n とする。

(1)　l_n を n，a で表せ。

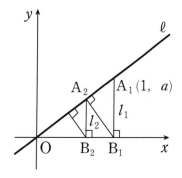

(2)　$l_1+l_2+l_3+\cdots\cdots+l_n$ を n，a で表せ。

基本 例題 51

直線上に異なる 2 点 A, B があり, 点 P は A と B の 2 点を行ったり来たりする。1 個のさいころを投げて 1 の目が出たとき, P は他の点に移動し, 1 以外の目が出たときはその場所にとどまる。初めに P は A にいるとして, さいころを n 回投げたとき, P が A にいる確率を p_n で表す。

(1) p_1 を求めよ。

(2) p_{n+1} を p_n で表せ。

(3) p_n を n で表せ。

練習 (基本) **51**　1 から 7 までの数を 1 つずつ書いた 7 個の玉が，袋の中に入っている。袋から玉を 1 個取り出し，書かれている数を記録して袋に戻す。この試行を n 回繰り返して得られる n 個の数の和が 4 の倍数となる確率を p_n とする。

(1)　p_1 を求めよ。

(2)　p_{n+1} を p_n で表せ。

(3)　p_n を n で表せ。

重要 例題 52

座標平面上で, 点 P を次の規則に従って移動させる。

　　1 個のさいころを投げ, 出た目を a とするとき, $a \leqq 2$ ならば x 軸の正の方向へ a だけ移動させ,
　　$a \geqq 3$ ならば y 軸の正の方向へ 1 だけ移動させる。

原点を出発点としてさいころを繰り返し投げ, 点 P を順次移動させるとき, 自然数 n に対し, 点 P が点 $(n, 0)$ に至る確率を p_n で表し, $p_0 = 1$ とする。

(1)　p_{n+1} を p_n, p_{n-1} で表せ。

(2)　p_n を求めよ。

練習 (重要) **52** 硬貨を投げて数直線上を原点から正の向きに進む。表が出れば 1 進み，裏が出れば 2 進むものとする。このとき，ちょうど点 n に到達する確率を p_n で表す。ただし，n は自然数とする。

(1) 2 以上の n について，p_{n+1} と p_n，p_{n-1} との関係式を求めよ。

(2) p_n を求めよ。

重要 例題 53

初めに，A が赤玉を 1 個，B が白玉を 1 個，C が青玉を 1 個持っている。表裏の出る確率がそれぞれ $\dfrac{1}{2}$ の硬貨を投げ，表が出れば A と B の玉を交換し，裏が出れば B と C の玉を交換する，という操作を考える。この操作を n 回 (n は自然数) 繰り返した後に A，B，C が赤玉を持っている確率をそれぞれ a_n，b_n，c_n とする。

(1) a_1，b_1，c_1，a_2，b_2，c_2 を求めよ。

(2) a_{n+1}，b_{n+1}，c_{n+1} をそれぞれ a_n，b_n，c_n で表せ。

(3) a_n，b_n，c_n を求めよ。

練習 (重要) **53** n を自然数とする。n 個の箱すべてに，$\boxed{1}$，$\boxed{2}$，$\boxed{3}$，$\boxed{4}$，$\boxed{5}$ の 5 種類のカードがそれぞれ 1 枚ずつ計 5 枚入っている。おのおのの箱から 1 枚ずつカードを取り出し，取り出した順に左から並べて n 桁の数 X_n を作る。このとき，X_n が 3 で割り切れる確率を求めよ。

重要 例題 54

数字 1, 2, 3 を n 個並べてできる n 桁の自然数全体のうち，1 が奇数回現れるものの個数を a_n，1 が偶数回現れるかまったく現れないものの個数を b_n とする。ただし，n は自然数とし，各数字は何回用いてもよいものとする。

(1) a_{n+1}, b_{n+1} をそれぞれ a_n, b_n を用いて表せ。

(2) a_n, b_n を n を用いて表せ。

練習 (重要) **54**　n は自然数とし，あるウイルスの感染拡大について次の仮定で試算を行う。このウイルスの感染者は感染してから 1 日の潜伏期間をおいて，2 日後から毎日 2 人の未感染者にこのウイルスを感染させるとする。新たな感染者 1 人が感染源となった n 日後の感染者数を a_n 人とする。例えば，1 日後は感染者は増えず $a_1=1$ で，2 日後は 2 人増えて $a_2=3$ となる。

(1)　a_{n+2}, a_{n+1}, a_n の間に成り立つ関係式を求めよ。

(2)　一般項 a_n を求めよ。

(3)　感染者数が初めて 1 万人を超えるのは何日後か求めよ。

6. 数学的帰納法

基本 例題 55

□ ▷ 解説動画

n が自然数のとき，数学的帰納法を用いて次の等式を証明せよ。

$$1 \cdot 1! + 2 \cdot 2! + \cdots\cdots + n \cdot n! = (n+1)! - 1 \quad \cdots\cdots ①$$

練習 (基本) **55**　n が自然数のとき，数学的帰納法を用いて次の等式を証明せよ。

(1)　$2^3 + 4^3 + 6^3 + \cdots\cdots + (2n)^3 = 2n^2(n+1)^2$

(2) $\displaystyle\sum_{k=1}^{n} k(k+1)(k+2)(k+3) = \frac{1}{5}n(n+1)(n+2)(n+3)(n+4)$

基本 例題 56

すべての自然数 n について，$4^{2n+1}+3^{n+2}$ は 13 の倍数であることを証明せよ。

練習 (基本) **56**　すべての自然数 n について，$3^{3n}-2^n$ は 25 の倍数であることを証明せよ。

基本 例題 57

3 以上のすべての自然数 n について，次の不等式が成り立つことを証明せよ。
$$3^{n-1} > n^2 - n + 2 \quad \cdots\cdots ①$$

練習 (基本) **57**　n は自然数とする。次の不等式を証明せよ。

(1)　$n! \geqq 2^{n-1}$

(2)　$n \geqq 10$ のとき　$2^n > 10 n^2$

基本 例題 58

$a_1 = 1$, $a_{n+1} = \dfrac{a_n}{1+(2n+1)a_n}$ によって定められる数列 $\{a_n\}$ について

(1) a_2, a_3, a_4 を求めよ。

(2) a_n を n で表す式を推測し，それを数学的帰納法で証明せよ。

練習 (基本) **58** $a_1=1$, $a_{n+1}=\dfrac{3a_n-1}{4a_n-1}$ によって定められる数列 $\{a_n\}$ について

(1) a_2, a_3, a_4 を求めよ。

(2) a_n を n で表す式を推測し，それを数学的帰納法で証明せよ。

重要 例題 59

p は素数とする。このとき，自然数 n について，$n^p - n$ が p の倍数であることを数学的帰納法によって証明せよ。

練習 (重要) **59**　自然数 $m \geqq 2$ に対し，$m-1$ 個の二項係数 $_mC_1,\ _mC_2,\ \cdots\cdots,\ _mC_{m-1}$ を考え，これらすべての最大公約数を d_m とする。すなわち，d_m はこれらすべてを割り切る最大の自然数である。

(1)　m が素数ならば，$d_m = m$ であることを示せ。

⑵ すべての自然数 k に対し，$k^m - k$ が d_m で割り切れることを，k に関する数学的帰納法によって示せ。

重要 例題 60 　　　　　　　　　　　　　　　　　□

n は自然数とする。 2 数 x, y の和と積が整数ならば, $x^n + y^n$ は整数であることを証明せよ。

練習 (重要) **60** $\alpha = 1 + \sqrt{2}$, $\beta = 1 - \sqrt{2}$ に対して, $P_n = \alpha^n + \beta^n$ とする。このとき, P_1 および P_2 の値を求めよ。また, すべての自然数 n に対して, P_n は 4 の倍数ではない偶数であることを証明せよ。

重要 例題 61

数列 $\{a_n\}$ (ただし $a_n > 0$) について，関係式
$$(a_1 + a_2 + \cdots\cdots + a_n)^2 = a_1{}^3 + a_2{}^3 + \cdots\cdots + a_n{}^3$$
が成り立つとき，$a_n = n$ であることを証明せよ。

練習 (重要) **61** $a_1=1$, $a_1a_2+a_2a_3+\cdots\cdots+a_na_{n+1}=2(a_1a_n+a_2a_{n-1}+\cdots\cdots+a_na_1)$ で定められる数列 $\{a_n\}$ の一般項 a_n を推測し，その推測が正しいことを証明せよ。